JN150496

わが家の太郎

もくじ

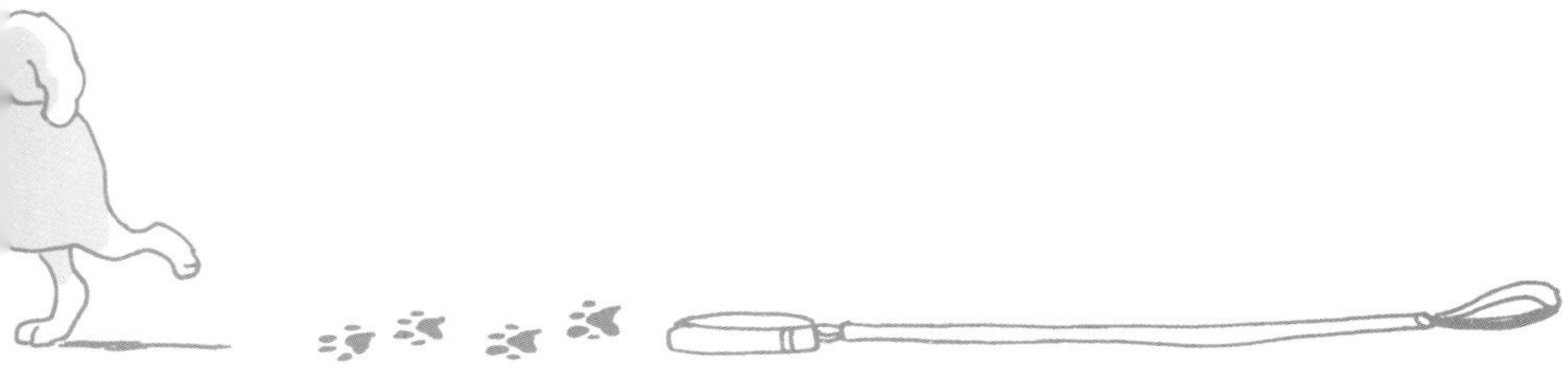

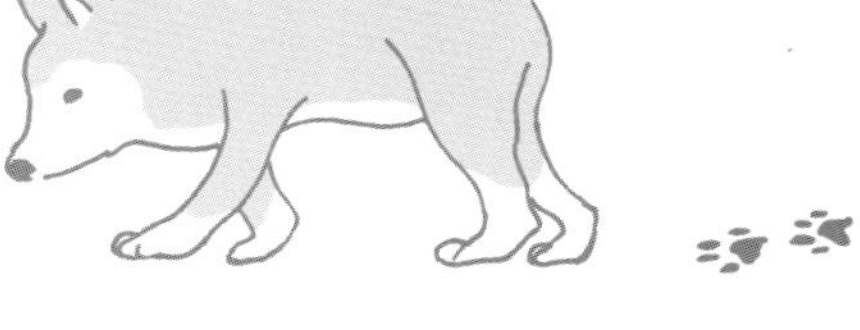

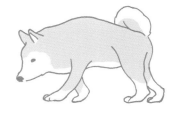

わが家の太郎

命名

7月7日の夕刻、夫の友人宅にお邪魔した。

「おー、永野、良いところへ来た。家の犬が1時間前に子どもを産んだぞ」

見ると、産まれたばかりの3匹がかたまっている。中に1匹、背中に星のような白い模様のある子犬が、もそもそしていた。

「永野、七夕の日に、星のマークのついた犬が産まれたところへお前が来るとはこれは何かの因縁ぞ。この犬飼ったら絶対良いことがある。持っていけ」

　そばで聞いていて気が気ではない。もし飼うことになったらどうしよう。家には虎猫の「空太《くうた》」というのがいる。その世話だけでもやっとなのに、この上に犬まで来たらと思うだけで、すっかりその気になっている夫の横腹をつねりたくなる。

帰る車中の会話。

「お母さんには絶対世話はかけん、大丈夫」

「前の犬のときもそう言うて、結局私が面倒みたでしょう」

「前とは状況も違うし、散歩に行くことで運動不足も解決するし……」

「その言葉、信用しづらいけど…」

とかなんとか言いながら、写真を撮って来ては見せる夫の熱意と、ころころと太るかわいさに負けて、ついに子犬がわが家にやってきた。

豆柴犬とかで、命名は「太郎」。「なんで太郎?」と聞くと、前からオスなら「太郎」、メスなら「桃」と決めていたとのこと。

どこかで聞いたようなと思ったら、社員のお子さんで、太郎ちゃんと桃子ちゃん姉弟がいて、「日本的でいいねえ」と話していたら、こっそり名前を頂くことになっていたらしい。

ご本人に失礼かもしれないからとお断りして、めでたく「太郎」とあいなった。

先住者の「空太」もどうやら無事に受け入れてくれて、仲良くとはいかないけれど、大バトルは免れた。

わが家の一員になって5ヶ月。すっかり大きくなった太郎は、狭い庭をうろうろしながら、それでも「おすわり」だけは出来るようになった。

肝心の散歩は夫と息子が連れて行く。どんな犬が吠えて来ようと、太郎はしっぽを振って近づいていくらしい。ご主人に似ず、全方位外交をやっているようだ。

太郎のおかげで、孫たちも遊びに来てくれるし、夫婦の会話も多くなった。来年は戌年、良いことがいっぱいの1年にしたいものだ。

三文安

太郎がわが家に来て７ヶ月になる。小さくて、ころころしたかわいい子犬があっという間に大きくなって、いささか面食らってしまった。でも、「太郎！」と呼ぶと、小首を傾けてこちらを向く仕草はなんともかわいい。夫はしつけをすべく、えさを片手に「おすわり！　お手！」と言いながら、いつの間にか１袋なくなってしまうこともあって、どうやらこれも太った原因のひとつのようだ。

去年のある寒い夜、間仕切りを開けると、縁側に太郎がいる。

夫曰く、「こんなに寒いのに、太郎が可哀想なろう」

私「どこの犬も小屋の中で寝ているのに、今から甘やかしてどうする？」

太郎は申し訳なさそうに目をしばしばさせている。

仕方がないので今夜だけはと宿を貸したところ、一晩の間にちり箱のごみは散乱しているし、敷物のマットはボロボロ。庭を見れば、サンダルも手袋もかじられてあわれな姿。私としてはストレス上がりっぱなし。

昔、「年寄りの子育ては三文安」と聞いたことがあるけれど、甘やかしてしまうものだからちっともしつけができない。

太郎としては育ち盛りで外に出たいらしく、一度、塀を乗り越えて脱出に成功したことで盛んに再挑戦する。

とうとう夫はその塀にネットを張りめぐらせた。コンクリートにドライバーで穴を開け、苦心惨憺《くしんさんたん》しながらネットかけの作業をしている姿に、太郎は、ともすれば怠惰に流れる私たちに、若さのエネルギーを引き出してくれているのじゃないかと、ふと思った。

おかげさま

7月7日は太郎の誕生日。七夕の日に生まれたことで、何かいいことがあると夫の友人からもらってきて1年。すっかりわが家の一員になった。散歩は1日1回にすべく、塀にネットを張り巡らせて放し飼いにしたけれど、太郎の知恵と努力が上回っていて、何度も脱出に成功。そのたびにあわてふためいて近所中を走り回るはめに。

結局、私が朝、夫が夕方散歩に行くということになって、「こんなはずじゃなかったのに…」という思いはあるけれど、考えてみれば日常の忙しさにかまけて散歩をするなどということはなかった。

初めて、歩いて10分位の公園に行ったとき、こんな素敵な公園だとは知らなかった。いつも横目で見て、通り過ぎるだけだったから。

早朝、朝日を受けて歩きながら、雪で真っ白になった小山、桜が満開の丘、新緑にかがやく木々、小鳥のさえずりに、生きているってすばらしいと思えてくる。行き交う人と「おはようございます」とあいさつ、散歩仲間のワンちゃんともすっかりおなじみ。太郎が来なかったら多分こんな時間はなかったはず。

また、塀を越えて脱出したとき、家を留守にする私たちのために捕まえていてくださったご近所さん。首輪の色で太郎じゃないかと携帯電話で連絡してくれた高校生、うんちの取り方を教えて下さった奥さん。おかげさまという言葉が身にしみる。

夫は、夕方の散歩のとき、よその犬のうんちも拾ってくる。なんとなく、お返しの気持ちらしい。

おかげで、私たちも運動不足が少しは解消したし、(その割にお腹まわりは相変わらずだけど)早起きの習慣もついた。同じ事のくりかえしの中で、自分を変える事はなかなか出来ないけれど、子犬が1匹家族になっただけで、日常の生活がいきいきしたものになった気がする。

孫たちもやってきたら、まず「太郎は?」。寡黙なおじいちゃんだけど、太郎の話には事欠かない。

夫の友人が言った「この犬飼ったら、絶対良い事があるぞ」の言葉は本当だった。

じぃ〜ぃ……

メニュー

今年の夏も暑くて長かった。太郎も一時の肥満体（えさのやり過ぎ）からすっかりスリムになって、少しおとなになったのか、以前のように脱出を図ることもなくなり、朝夕の散歩を楽しんでいる。

ところが暑さのせいか、えさに飽きたのか、食べなくなった。夫はドッグフードを手に、「食べなさい！」とやっている。

「人間だってこの暑さに食欲が落ちるのに、犬は毛皮を着て脱ぐわけにいかんもの、仕方ないわね」と言ったら、それが薄情に聞こえたらしく、私に言っても無駄とばかり、あちこちで相談しては、今日は豚肉に野菜とごはんを入れたもの、次はみそ汁にじゃことごはん、パンの耳に牛乳と、まるでレストランの日替わりメニュー。太郎のためにと買ってきた牛肉や鶏肉の残りを私たちが頂くことも…。

私が食事の材料にと用意した物がいつの間にか太郎の食器に入っているし、遅くなった夕食の準備に台所をばたばたしていると、ふだんは「男子厨房《ちゅうぼう》に入らず」の夫が鍋をかかえて同じくうろうろ。

冷蔵庫の中はパンの耳、缶詰のえさ、じゃこなどがスペースを占領して私のストレスも増すばかり。

とうとう「申し訳ないけど、いいかげんにして！　太郎に振り回されて毎日メニューを変えるなんて、本当にお腹が空いたら食べるわね。過保護もいいところ、私が寝込んでもこんなに気遣ってくれたことある?」

「あんたは文句が言えるけど、太郎は言うことができん、可哀想なろう」

絶句の私。

こんなことで夫婦げんかをするのもみっともないので、しばらく夫の愛にあふれた太郎育てを見守ることにした。食器を前にそっぽを向く太郎に、あの手この手で工夫をしているが、なかなか召し上がってもらえない。

棚には袋の開いたドッグフードが幾種類も並んでいる。これをどのように理解するか。ここが思案のしどころである。

思えば、私たちはいつも仕事優先の生活で、物事を効率とか、経済性の面を重視した見方をしてきた。つまり、優しさやゆとりのない日々を過ごしてきたことになる。還暦を過ぎて、これからは人生の仕上げのときを迎えた今、太郎という、いわば異次元に住む生き物が家族の一員になったことで、夫がこんなにも精魂を傾けている。大変と言いながら、結構楽しんでいる様子に、そうか、これはいいことなんだと思ったら、とても気が軽くなった。

「お父さん、太郎のおじや作っておきましたよ」

「ありがとう」

散髪

わが家には、太郎の他に空太というオスの虎猫がいる。
空太は6年前のある日、息子に連れられてわが家にやってきた。生後3ヶ月になっていて、虎猫らしくなかなか家族になじまなかった。
今でも、えさをねだるとき以外は決して私たちの所には来ない。プイと外へ行ったかと思うと、食事のときになって忽然《こつぜん》と現れる。夜はその日の気分で自分の気に入ったところで寝ている。それでもわが家の一員であるという気持ちはあるらしく、肥満体の体（空太も1日3食のくせをつけてしまって、お腹などゆさゆさ）で家中を徘徊《はいかい》し、ボスの貫禄充分。
そこへ太郎が来たものだから一時はどうなるかと思ったが、太郎は新参者の礼儀をわきまえていて、決して空太の領域を侵さない。空太がいると何となく遠慮がちになるからおかしい。

そんな太郎に、空太も文字通り太っ腹なところを見せて、鉢合わせしても悠然とながめるようになった。

夫は、夜くつろいでいるときに太郎を居間にあげてご機嫌だけれど、空太と太郎の毛が飛んで、私としては大迷惑。抗議すると「掃除はえいわね。ほこりで死ぬ者はおらんし、掃除をせんでもお正月はくる」などとのたまう。

結局、暮れの大掃除はひとりで孤軍奮闘。空太に「猫の手にもならんねえ」といやみを言うのが関の山。私がプンプンしながら掃除をするものだから、夫は「散髪に行って来る」と出かけた。

やがて「散髪屋も閑らしい。お客さんは俺だけやった」とすっきりした頭で帰ってきた。

太郎もお正月前にきれいにしようと、夫がいつもの「犬の散髪屋」に連れて行くと、なんと、予約でいっぱいで今年中は無理とのこと。どこかの川柳に「散髪代　俺は千円　犬一万」と載っていたけれど、世の中どうなってるの。

愛情

野も山もすっかり新緑に覆われて、すがすがしい季節になったと思ったら、太郎の口のまわりに湿疹が出来はじめた。

獣医さんに診てもらうと、散歩の途中に生えている草の中にアレルギーをおこすものがあるらしい。太郎は何の目的か知らないけれど鼻を突っ込んで嗅いでみたり、舐《な》めたり、時には体をすりつけたり、最後におしっこをひっかけては次の草むらへ突進。おかげで散歩は遅々として進まない。早くしないと出勤時間に遅れると、無理に引いて帰ることもしばしば。

「この時期、草の生えてない道路を歩いたら？」などと言われたけれど、それではあまりにも無味乾燥、散歩は早く済むけれど太郎が可哀想な気がする。

結局薬を飲ませることになった。夫は鰹の生節を買ってきてその中に薬を埋め込んで飲ましていたが、やがて太郎が感づいて、もぐもぐしていたかと思うと上手に出してしまう。ドッグフードの中に混ぜ込んでも残っているのは薬だけ。

「どうして薬とわかるろう、匂いもないのに」などと言いながらあの手この手でやっている。物言わぬ愛犬に対する愛情はわかるけど、口うるさい古女房との差がこうまでつくものか。

5年ほど前のこと、風邪で寝込んだ私は、熱もあるし、起きるのもおっくうで喉が渇いても我慢していた。夫は会社で私ひとり。2日目くらいに口のまわりがしびれてきて、やがて全身の感覚がなくなってきた。あわてて帰宅した夫が救急車を呼び、病院へ。診断の結果「脱水症状」とのこと。

後日、親しい方から「永野さん、あんたは奥さんに水も飲まさんかね」と言われ、頭をかいていたけれど、それからは寝込んだときは必ず枕元に水を入れたコップが2つ置かれていて笑ってしまう。

私たちも長寿手帳をもらう年になった。太郎や空太より長生きしてやらねば可哀想だけど、犬や猫の平均寿命って何歳かしら?

初恋

太郎も2歳になって、人間なら少年というところ。盛んに脱出を試みた時期も過ぎて、おとなしくなったと思っていたら、ある日突然いなくなった。夫が苦心して作ったネットの囲いのゆるみを抜けて出たらしい。えさを片手に自転車に飛び乗って捜すがどこにもいない。

この暑い最中、あちこち走るのも大変と、あきらめて帰って来ると、行きつけの犬の散髪屋さんから電話で「太郎ちゃんを預かっています」とのこと。散歩コースにある書店の前にいるのをみつけてくれたらしい。

お礼を言って、やれやれの数日後、「また来ています」。今度は真っ直ぐ散髪屋さんに直行、その2日後も同じ。あの手この手で脱出しては訪問す

る。その手口たるや、網戸を時間を掛けてひっかいて破り、家の中を素通りして台所から脱出。あまりのことに
「お父さんが甘やかすからよ」

「あんたが鍵をちゃんと掛けんからよ」と、夫婦げんか。

散髪屋さん曰く、「太郎ちゃんは、うちの柴犬の所へ来たいらしい」

ひょっとして、太郎の初恋？


夫はまた、食欲の落ちた彼のために、缶詰やドッグフードを買ってくる。それもあらゆる種類があって、感心するやらあきれるやら。飽食の時代はペットにも当てはまるようだ。

私たち世代は子どもの頃、おやつといえばお芋ばかり、バナナなんてめったに食べられなかった。息子たちが小さい頃にそれを言うと、

「バナナより、お芋の方がおいしいよ」

井戸水を汲んでお風呂を沸かした話には
「それ、面白そう、やってみたい」

豊かな時代に育った彼らとは、まるで話がかみ合わない。

先日聞いた話では、ある高校生の質問。

「ひもじいというのは、お婆さんをひもにしているお爺さんのことか」

なんと、まあ！

大晦日

大晦日の朝、まだ明け切らぬ時間に御経をあげていると、玄関のチャイムが鳴った。
出ると、近所の奥さんが愛犬の散歩の帰りに寄ってくださって、「太郎ちゃんが公園を走っている。連れて帰ろうと思ったけれど紐がないので…」とのこと。
またまた脱出とは思いもかけぬ私たちは自転車で公園へ。
走りながら、もし捕まらなければお正月どころじゃなくなる。今日の予定の買い物も掃除も後回しで「太郎、太郎」の１日になるかと思うと、気が焦る。

公園の高台から周辺を見回すと、隣の学校のグラウンドを走り回っているではないか。「太郎！」と呼ぶと、全力疾走で駆け寄ってきた。紐をつけようとすると、サッと逃げる。夫がえさを片手に引き寄せて組み伏せ、やっと捕まえた。

歳とは言いたくないけれど早朝からこの騒ぎ、今日のエネルギー、半分は使った気分。とは言え大晦日、どうしよう！

とにかく段取り良くしなければと家に帰ると、夫は「何処からどうやって出たか」と、張り巡らした網や、二重にかけてある木戸の探索に余念がない。とにかく、縁から家の外に出るまでにいくつも関門があって、煩わしいこと限りなし。「お父さん、庭の掃除はお願いね」と言っても「わかった」と生返事。協力は当てにならない。

結局、「もう、えいわ」ということになって、あれこれ割愛のシンプルなお正月を迎えることにした。いつも飾る門柱の松もなし、永野流生け花もシクラメンの鉢で代用。掃除は明日もあるし、というわけで、我ながら情けない。

考えてみると、今年も太郎や空太に振り回されたり、癒されたり、いろいろあったけれど、ともかく元気で年を越せること、会話も少なくなりがちな2人に、活力を注いでくれた彼らに感謝して、来る年も良い年でありますようにと言いながら年越しそばを頂いたことだった。

明けて新年、息子たち3家族がやってきて、賑やかなこと。皆でわいわい遊んでいた夏菜がべそをかきながらやってきた。見るとほっぺに傷が…。聞けば、プラスチックの箱が当たったという。薬をつけて「もう、大丈夫」。

そのことを忘れた頃に息子から
「夏菜は、空太に引っかかれたけど、それを言うと空太が怒られるから箱のせいにしたらしい」と報告があった。

4歳の子がそんな気配りをするなんて、と感激。それにひきかえ、忙しさに余裕がなくなると、すり寄ってくる空太を蹴飛ばさんばかりのおばあちゃんを恥じ入るばかり。

夫曰く、「何事も、気の持ちよう。イライラしても仕方ないろう」

よく言うわ。イライラの源はどちら様か、ご存知でしょうか。

すたこらさっさのさ〜

予防注射

今年も市役所から、太郎の予防注射のお知らせが来た。ウィークデーなので夫が連れて行くことになった。

その日、夫に急用が出来て、あわてて携帯電話を鳴らす。

「お父さん、急いで会社に帰ってください」

私はそのまま伝言をしておいて、別の用事で社外へ。

帰ってみると、手に包帯を巻いた夫がにらみつけている。

「どうしたの?」

「太郎にかみつかれた」

聞けば、予防注射に行っていて、まさに太郎の番になったとき、携帯が鳴ったという。あわてた夫の動作を過敏に感じた太郎が、注射針を持った医師にほえかかった。

これではいけないと、犬を固定させる用具を出してきて押さえようとしたとき、興奮した太郎が夫の手首にかみついたというわけ。

「急に電話をかけてきて、あわてるろう！」

言わなきゃ良いのに私、

「電話は急にかけるものよ。第一そんな状態なんてわからんもの。まあ、よその人にけがをさせせんで良かったねえ」

すっかり機嫌をそこねた夫は、消毒のために行った病院で、先生に
「そうですか。飼い犬にかまれましたか」

と言われて、よけいむくれている。

私はといえば、子どもの頃よく皆ではやした言葉
「電信柱が高いのも、郵便ポストが赤いのも皆おまえのせいなのよ」

と言われているような心境で面白くない。

そこへ孫がやってきて、

「おじいちゃん、だいじょうぶ？　いたくない？」

と、可愛い声をかけてくれた。

偉大なるかな、孫力。すっかり一件落着。

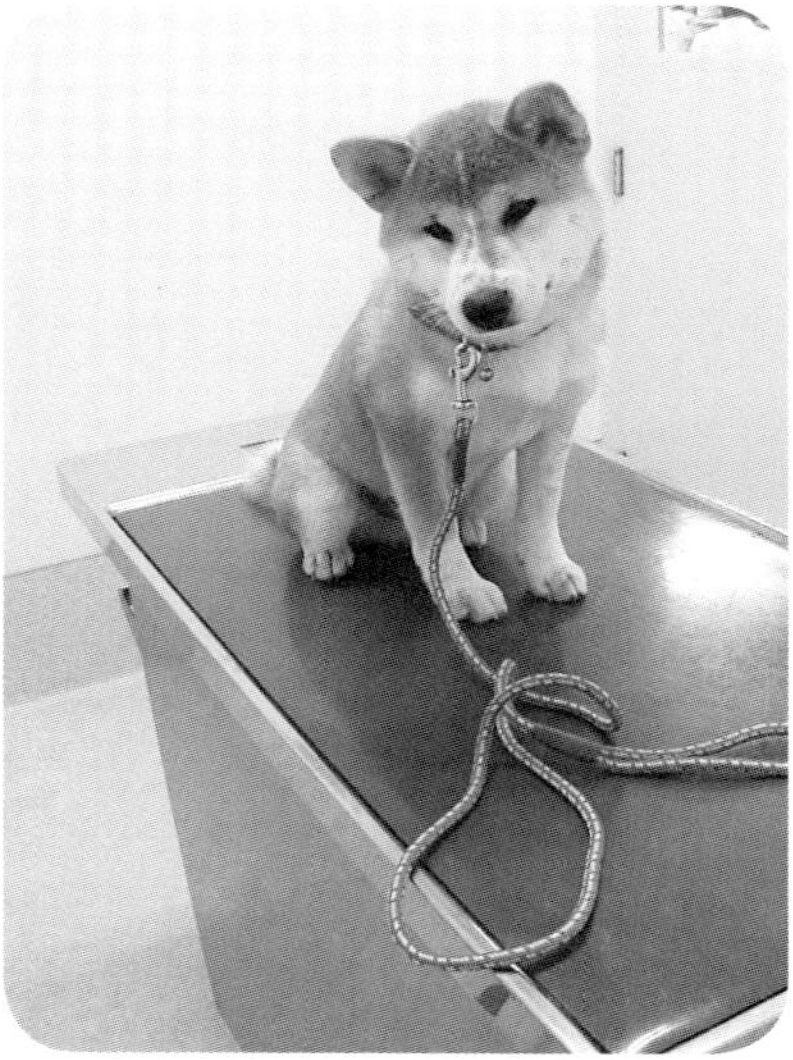

太郎様

地球温暖化のせいとは言え、今年の夏の暑さは尋常ではなかった。昼間はエアコンを出来るだけつけないようにと心がけたが、夜はやはりお世話になる。そこで部屋を閉め切りたいところだけれど、夫が縁側を太郎の寝床にしたものだから閉めることができない。夏も冬も半開きの部屋で冷暖房をすることになった。太郎は、庭に出たり、家に入ったりとそのときの気分で自由自在。

庭には犬小屋があるし、太郎お気に入りの大鉢には土を入れて、周りにはすだれまで掛けたお休み所まである。

おかげで物干しも隅に追いやられ、さしずめわが家の庭は太郎様ご専用

の体。

庭に出るのも、いちいち柵やらネットを外さなければならないので迷惑なこと限りなし。夫は
「太郎のお陰で中性脂肪が減ってきた」と喜んでいる。散歩で歩くのが功を奏しているようだ。

以前、歩く代わりにと熱望して購入した運動器具が、縁の隅に置き去りになっているので、

「お父さん、使わないなら処分しようよ。邪魔にもなるし」

と言うと、

「まあ、置いておこう」

と、そのままになっていた。

ある日、ふと見ると太郎がペダルにあごを乗せて眠っている。その格好のおかしさにカメラを向けたのがこの１枚。

結局この運動器具も、太郎のあご乗せとして相変わらずの場所にある。

こうして甘やかすものだから、３歳の柴犬だというのにすっかり臆病者

になってしまって、公園で子どもたちがかけ声を掛けながら野球の練習をしている所に出くわすと、足を踏ん張って一歩も行かない。きびすを返して戻ってしまうのである。

　そのくせ夫や私には、八つ当たりのようなやんちゃをする。

　太郎も本当は広い野原を駆け回りたい所だろうけれど、長寿手帳をもった飼い主の世話にならねばならぬとは因果なことかもしれない。

夫婦の調和

毎年のことだけれど、新しい年を迎える日が迫ってくると、何かに追い立てられるようで気忙しい。

あれもこれもしなければと、ひとりでばたばたしていると、夫は「お母さん、正月は掃除をせんでも来るから、落ち着きなさい」とのたまう。いつものことながら、これを聞くとため息がでる。

さて、ガラスでも磨きましょうと、小春日和の日射しが差し込む縁側に出ると、ガラス戸の外では太郎が、内側では空太が、ひねもすのどかに寝そべっているではないか。

わが家は、私の他は皆男性。飼い主に似るとはいうけれど、年の瀬など

何処吹く風の男性陣にいささか頭に来る。

先日も夜の11時だというのに、太郎が食欲がないと心配した夫が、新しい袋からスティック状のえさを出してやっている。

「お父さん、こんな時間に食事させるなんて良くないよ」と私。

「今日1日、入れてあったえさを全く食べてない。どこか悪いろうか」と夫。

「そういうときもあるわね。お腹が空いたら食べるんだから、しばらく様子をみたら?」

薄情なことを言うと言わんばかりの目で私を見て、

「太郎、これなら食べるね」と、そっぽをむく太郎に与えている。

散歩の途中でお馴染みのワンちゃんを連れた奥さんに聞くと、

「うちはカリカリ（ドッグフード）だけよ。他の物は一切与えてない。いろいろ変えるとかえって食べんなるから」とのこと。

やっぱりねと、早速夫に報告しても馬耳東風《ばじとうふう》。

「お父さん、太郎のえさ、置き場所を決めてあるろう。どこにでも置かないでよ」

「太郎の水、替えた？」

「太郎の紐、また買ったの？　ふたつもあるのに」

我ながら、口うるさいこと。

今夜はおだやかに過ごしましょうと、お鍋を囲みながら、

「お父さん、夫婦調和しておいしい食事ができるって幸せね」

夫曰く、

「調和しちゅううろうか。よう考えてみんといかん」

恋の季節

2月のある金曜日の夜、散歩に出た夫から「太郎が逃げた！」と電話が入った。最近聞かない言葉なので、やれやれと思いながら、炊事の手を止めて自転車で公園に向かう。

見れば、太郎は広いグラウンドを猛烈な勢いで走り回っている。あれだけ走れる能力があるのだもの、私たちの足取りに合わせての散歩は太郎にとってはさぞかし欲求不満だろう、などと眺めるうちはよかった。

夫はいつもの手口で呼ぼうとするが、なかなかその手に乗ってこない。寒いし、遅くもなるし、近くにいた中学生にお願いしたのが逆効果。えさを片手に追い回したものだから、とうとういなくなってしまった。

「そのうちに帰って来るろう」と、遅い夕食をとりながら、なんとなく無言。

庭はいつでも入れるように電気をつけて開け放し。

明くる土曜日、夫は公園や団地内、周辺道路、浄水場まで捜すも沙汰なし。疲れた様子で
「スーパーにチラシを作って貼ってもらおうか」と言う。

「チラシはお手のものだけれど、柴犬は皆同じ顔よ」と私。

あれこれ言いながらその夜も更けた。ふたりとも「もしかして」と、口には出さないけれど、憂鬱《ゆううつ》な気分。

日曜日の朝、いつもの散髪屋さんから「太郎ちゃんが来ています」と電話。飛んでいくと、あわれな汚れた格好でしおらしく座っているではないか。

「太郎！」

飛びついて来てぺろぺろと思いきや、知らん顔。

散髪屋さん曰く、

「太郎ちゃんはうちのモモ（メスの柴犬）が気に入ってくれちゅうみたい。今朝、玄関を開けたらいました」とのこと。

連れて帰りながら、太郎の足なら1分とかからない所まで来ながら、しかも2晩食事もしていないのになぜ家に戻って来ないかと、2人とも忸怩《じくじ》たる気分。

途中で3軒隣のおじさんに「見つかったかね、昨日はここまで帰って来ちょったに」と言われてさらに傷つく。

「お父さん、太郎も年頃、恋の季節よ。親よりモモちゃんに会いたかったろう」と慰めるものの面白くない。

さあ、それからが大変。

「お母さん、太郎を見つけたら連絡をとお願いしたところに電話をして。やっぱりあんたの方がえいろう」とのたまう。

あの人に、この人に、あそこに、ここにと電話。

それから夫は、太郎の首輪に迷子札をつけ、散歩用の紐には二重の金具を留めて、自分の体にも紐を巻き付けて、うっかり手を離してもいいようにと余念がない。

出来上がって曰く、

「あんたも体に巻き付けるように」

「えーっ、私は大丈夫よ、第一そんな格好で歩くなんて恥ずかしい」

「なにを言うか、これはおれの命令です！」

命令と言われて聞かずんば、あとがややこしい。太郎よ、お前のおかげで私のプライドはどこへやら！

かんたんにはつかまらないぞ！

落差

5月下旬、私たちは大阪で開かれる業界の全国大会に参加した。丁度新型インフルエンザのために、関西地方は旅行客の激減が話題になっていた頃だった。

大会は予定通り開催ということで、あまり乗りたくない「ボンバルディア」なる飛行機で大阪へ2泊3日の旅に出た。

参加を決めてからというもの、太郎と空太をどうするかが大きな問題。ペットホテルに預けるのは費用ももちろんだが、フェンスの中で訳も分からずつながれる彼らを想像すると、可哀想が先になって、やはり家に置こうということになった。

さてそれでは太郎の散歩や、空太と太郎の食事はと考えると、もう止めようかという気分になる。

まず太郎は、お隣にお願いして、朝夕2回のえさをやってもらう。散歩は日曜日に息子が来て連れて行く。空太はえさ箱をいくつか用意して、水と一緒に置いておくということになった。

出かける朝、夫は太郎に「行ってくるよ。お利口で留守番してよ」と声をかけながら、車を発進させつつまだ心残りらしく、ネットの内側の太郎を覗き込んでいる。私は時間も迫っているのにそれどころではない。

大会も終わってホテルに入り、やれやれと思っていると、夫は「太郎はどうしゆうろう」と、お隣に電話。

2日目ともなるとさらに心配は増幅。

「今頃どうしゆうろう。電話に出られるものなら掛けるのに」

呆れてしまう。それに引き替え、口にも出さない私は薄情者ということになる。

先日も散歩の途中でおじいさんに「この犬はなかなか良い犬じゃ、目つきがちがう」と言われてご機嫌で帰って来た。太郎をほめてくれる人は皆いい人に見えるようで、太郎を紹介している「かわら版」を名刺代わりに渡して来たと言う。

寝る前にも「太郎、おやすみ」。その声音の優しいこと。昼間、職場で「オーイ、オイ」と私を呼ぶ、とがった声とは雲泥の差。

この落差は一体どこから来るのかと考えてみる。たぶん可愛げのない女房殿に、あきらめの境地からかもしれない。

夏の悩み

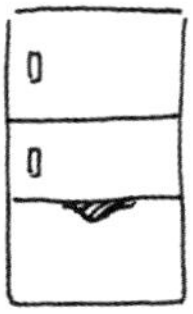

今年もまた、太郎の食欲不振と耳のかゆみに悩まされる夏が来た。

夫は、こんなにも気の長い人だったかとあきれるほど根気よく毎日、太郎の食事と、薬を飲ませるための工夫をしている。

まず、日替わりメニュー。カリカリ、おかゆ状のレトルトパック、チキンと野菜のデリカパック、ビーフ＆野菜、低脂肪ささみほぐし、柴犬専用レトルトフードと、私たちの食事より豪華。

夫の小遣いは殆ど太郎のえさじゃないかと思うほど。

うっかり「大丈夫？」などと言おうものなら、よくぞ聞いてくれたと言わんばかりに窮状《きゅうじょう》を訴えられるので、あえて知らん顔。

それを冷蔵庫のチルド室に入れてあるので、私とすれば大迷惑。急いで食事の支度をと開けて取り出せば、よくみると太郎のえさ。

「お父さん、どこか別にしてくれませんか。間違えそう」と言うと、

「太郎も家族よ。そんなに言わんでもえいろう」とのたまう。

また薬を飲ませるのに、サイコロステーキの中に埋め込んでいたのに太郎が食べなくなったと、次はカマンベールチーズを買ってきて、その中に小さく砕いた薬を丹念に埋め込んでいる。その手間のかかること。

食後のお皿を流しに運んでと言っただけで不機嫌な人が…。

先日、嫁が、

「お父さん、このチーズ、小夏が大好きよ。太郎のえさ?」と呆れ顔。

それもこの頃飽きてきたらしく、

「お母さん、犬ははちみつや甘い物が好きやと。くすりに入れたら飲むろうか」

「もう、知りません。そうやってあの手この手で甘やかすからよ」

「動物は可愛がらんと…」

「私も動物です！」

「1言いえば10返ってくる人は別！」

飼い犬のことで、のどかに喧嘩できるなんて幸せなのだろうか。

そういえば、この間買ってきたはちみつ、急いで隠さなくちゃ。

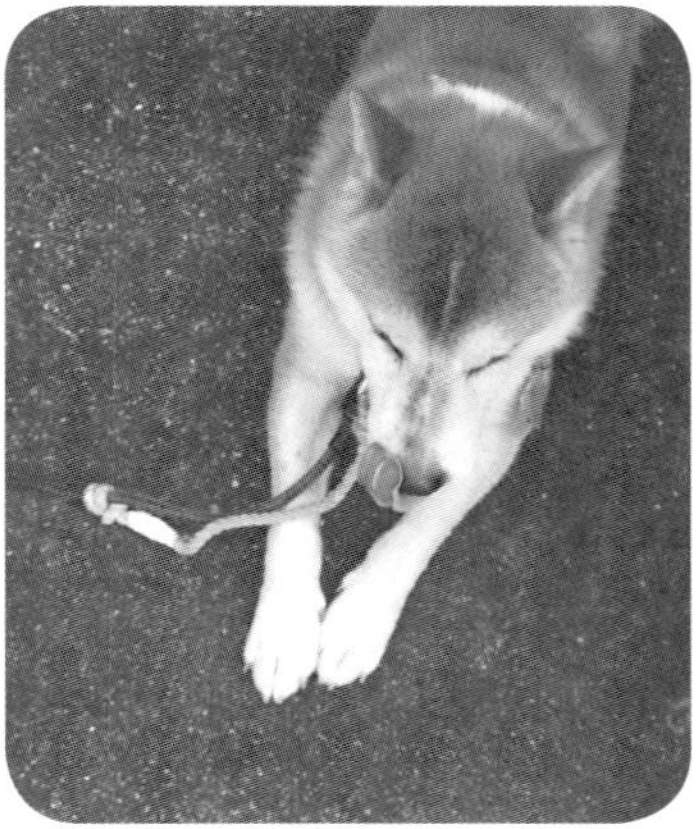

DNA

太郎は、暮れからお正月にかけて脱出騒ぎもなく平穏に新年を迎えた。今年の冬は思いがけず寒くて、朝夕の散歩も時にはパスしたくなる日もある。特に夕方は5時には暗くなるものだから、夫は太郎を車に乗せて公園まで行き、1周して帰って来る。

小さいときから助手席に乗せてドライブをしたので、車は好きらしい。おかげで車内は太郎の毛が落ちて、うっかり座ろうものなら服は毛だらけとなる。

それなのに夫はよくお客様を車に乗せて会社までお連れする。

いつか、来社された方と仕事の打ち合わせをして、お帰りになるのを玄関までお見送りし、後ろ姿を見てびっくり。なんと、背広の背中いちめんに毛が付いているではないか。これは大変と、太郎を乗せないように頼むと、それは大したことではないとのたまう。

これは、おおらかな性格なのか、無精なのかと嫁に言うと、早速メールが来た。

「さすが親子ですね。掃除ができないのはお父さんのDNAですか。私は今、靴をそろえることとか、洗濯物をかごに入れるとか、再教育をしています。お父さんはもう手遅れかも…」と。

それなら何とか対策をと思っていると、息子が夫の誕生日プレゼントにドライビングキャリー（車用ペットかご）を買ってくれた。今はそういうグッズも売っているのだと、感心するやらうれしいやら。やっと一件落着。

先日は、散歩がてらに寄った本屋で見たと、

「お母さん、柴犬は首輪を抜く習性があるらしい。今度からひもをもう1つ増やして散歩に行くときは、こことここをつないで…」

と、説明をしてくれるが、ややこしくて頭に入らない。

「お父さん、いろんな本を読んではあれこれ試すけど、太郎にとっては大迷惑よ。今だって迷子札が2つ、紐も前後に2つ付けられ、夏には超音波の蚊取り器までぶらさげて、脱出するのは案外それが原因かもよ」

いつもの皮肉を言いながら、太郎のためならどんなときも骨惜しみをしない夫は無精者ではないのだろう、とひとりで納得。

助手席、特等席♪

気まぐれ

春寒と言うけれど、今年の春は特に寒暖の差が激しくて寒い日が多く、4月というのに今ひとつ春爛漫という気分になれない。

そんな折、朝から太郎が何とも切ない鳴き声を出して、塀の向こうに駆け上がろうとする。初めは気にも留めなかったが、だんだんエスカレートしてきて、毎朝の読経が太郎の泣き声に邪魔されてこちらも集中できない。

夫に言うと、

「どうも盛ってきたねえ」とのこと。

太郎は今年の7月7日で5歳になる。犬年齢で言えば男盛りだとか。

さて、その男盛り振りを紹介すると、近所に「あかねちゃん」というメスの柴犬がいる。散歩の途中その家の前を通るとき、「あかねちゃん」の姿は見えないのに、太郎は門扉にすがりつくようにしてあわれな声をあげる。帰り道も同じ。

夜は「あかねちゃん」の方角に向けて塀をガリガリしながらオーー、オーー。

一体いつまで続くのか、途方に暮れていると、夫は

「そのうち止まるろう」

と、呑気な返事。

ところが突然止まったのである。あれほど門扉にすがっていたものが前を通っても知らん顔。振り向きもしない。私にすれば、「これって何?」の心境。

春たけなわの季節にこの変心振り、まあ、鳴き声に悩まされなくなったわけで、ご近所に肩身の狭い思いをしなくて済んでやれやれ。

結局、太郎の恋の行方は自然消滅なのか、単なるきまぐれなのか、未だにわからない。

夫はそんなことお構いなしで、太郎の出入り口の木戸の修繕に余念がない。

「お父さん、それより先に私が頼んだ台所の棚を付けてくれませんか、もう2ヶ月も前から言いゆうのに」

「いちいち言わんでもわかっちゅう。気分の乗った方からやっていく」

ああ、そうか。太郎の気まぐれはこの人ゆずりだったのか。

あかねちゃーん！

誕生日

7月7日の朝、夫は起きて来るなり、

「今日は太郎の誕生日」とのたまう。

息子たちや私の誕生日も覚えていたことがないのにと呆れていると、

「誕生日祝に太郎をアニーの所へ連れて行こうか」

アニーとは、太郎の母親である。

「どうぞご勝手に、今日は私は時間がとれません」

朝の慌ただしいときに、とても一緒に祝ってやろうなどという気にはなれない。

夫は太郎を飼いたいと言ったとき、

「お母さんには迷惑はかけん。散歩も自分が連れて行く」と約束をしたのに、いつの間にか朝の散歩は私の役目になっていて、それこそ出勤前は、毎朝秒読みのような気分でばたばたしている。

それを知ってか知らずか、

「太郎も5歳か、大人になったねえ。この頃は落ち着きが出てきた」などと言いながら、食事を与えている。

冷蔵庫から取り出した物は冷たいろうと、レンジでチン。食後の食器は流しに置いたまま。

「お父さん、そこまで面倒見るなら、ついでに食器を洗ったら?」

見ると、聞こえぬそぶり。

万事がこれだから、朝の時間を気分良く過ごすには、夫の目線で太郎を見られるようになるしかない。

ところが気持ちにゆとりがないものだから、散歩に行っても時間が気になって、追い立てるように帰ることになる。

そこは動物の勘、太郎は私にちっともなつかない。いつかも気の合わない犬に出くわすと、相手に向かうのではなく、私にかみついてきた。臆病なくせにやたら態度だけは大きい。

結局2人で夕方、夫の友人宅にお邪魔する。

車から降りるなり、まだ姿も見えないのに太郎はくるくる回って大喜び。アニーも飛びつくようにじゃれついて大歓迎の体。

「親子よねえ、忘れてないもの」

と、ほほえましく眺めていると、奥から父親のジローがけたたましく吠えかかる。

「ジロー、あんたの息子ぞね」と言っても、結局帰るまでジローは、太郎を威嚇するばかり。

「人間も同じだけれど、父親と母親の愛情の違いかねえ」

「わが家では厳しいのはお母さんやね、太郎」と夫。

ちょっと、それは言って欲しくない言葉。

こ～んな私に、だ～れがした～♪

主（あるじ）

8月16日、太郎の散歩中に夫は突然逝ってしまった。

何が起きたのか、夢を見ているのか、無我夢中の時間が過ぎていった。

それでも日々の暮らしはある。太郎の朝の散歩は私の役目になっていたけれど、夕方も連れて行くとなると、かなり時間に縛られる。それに日の暮れがだんだん早くなってくるし、今日は散歩はパスにしようと思いながら帰ると、太郎は夫がいつも開ける木戸の前で人待ち顔に座っている。

あえて無視しようと思うけれど、何時間経ってもじーっと待っている姿が不憫《ふびん》で、

「散歩に行こうかね」

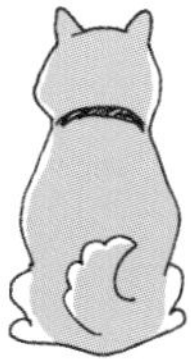

ということになる。

食事も今までは夫があの手この手でメニューを変えてやっていたけれど、そんなことはできないと、ドッグフードを与えると何のことはない、ぺろりと食べてくれるようになった。薬もえさに混ぜて与えるとこれもぺろり。

「お父さんは太郎に気を使いすぎやったねえ」

などと言いながら夜、ひとりで夕食をしていると、急に涙があふれてきて嗚咽《おえつ》していたら、太郎が「おー、おー」と私に向かって声を出す。

何か言いようのない一体感を感じて、夫があれほどかわいがった意味がわかったような気がした。


ところが、ある日突然、その太郎が私に吠えかかるようになった。

散歩から帰って家に入ろうとすると、足を踏ん張って動かない。無理に引っ張るとかみついてくる。

そうなるとこちらも腰が引けるから、太郎は更に態度が大きくなって手のつけようがない。この先どうなるのかと気が重くなった。

息子に言うと、

「親父がおらんなって太郎も混乱しちゅうろう。おふくろが負けたらいかん。1回、馬乗りになって組み伏せてみいや」

と、いとも明快なご忠告。それが出来ないから困っているのに。

とうとうある日、吠えかかる太郎の口をおさえて馬乗りになり、

「わかったかね。あんたのご主人は私ぞね」

とやった。

こちらも必死なら太郎も「うー、うー」言いながらもがいている。

結局、手を少しかまれたけれど、なんとか主と認めてもらった気がした。

「太郎ちゃん、お父さんのようには出来んけど、これから仲良う暮らそうね」

その後、息子から私にプレゼント。なんと、肘まである皮の溶接工用手袋。

こんな物して太郎に向かったら、元の木阿弥《もくあみ》よ。

性格

太郎もやっと私との生活に慣れて、一応主《あるじ》と一目置いてくれるようになったが、それでも気に入らないことがあると突然吠えかかったり、よその犬に挑戦的になるので太郎を譲ってくれた夫の友人に相談すると、

「それじゃ去勢《きょせい》をしたほうがいいだろう。獣医さんに相談してみたら」

とのこと。

私ひとりで病院へ連れて行くのは初めてで、恐る恐る車の助手席を開けると、喜んで飛び乗ってきた。

運転している傍らで太郎は私の顔をペロペロッ。気になって集中できない。

やっと病院に到着して、驚いたことに待合室は犬や猫を連れた人で一杯。受付をしている間に太郎はカウンターの端におしっこをぴゅっ。見ればどのワンちゃんもおとなしく飼い主のそばでじっとしているではないか。その中で太郎は、あちらにワン、こちらにウーッと落ち着かないこと甚《はなは》だしい。

皆の視線を感じて仕方なく外へ出る。

やっと順番が来て、診察室に入ると

「体重を量《はか》りますからこの上に乗せてください」

と、助手の女性。

「エッ、私が？」

初めて太郎をこわごわ抱いて診察台へ。そこでも口輪をはめられる。

獣医さんから

「散歩のときあなたのそばを歩きますか？」

「いえ、私の前を右へ左へ走ります」

「それはいかん。きちんと飼い主の歩調に合わせて歩くようにしつけてください」

「食事は栄養のバランスがとれるドッグフードだけにするように」

「待て、良しが出来るまで安易にえさをやらないこと」

聞いているとため息が出る。

ま、去勢とやらをすれば少しは太郎も変わるだろうと手術の予約をして帰った。

4日ほど病院に入っていよいよ退院の日。

迎えに行くと、太郎はさすがに私に向かって前足をあげうれしそうなポーズ。

診察室で先生曰く、

「手術は問題なく済みました。これで男の本能的なものはなくなりますが、性格は変わりません。あとはしつけてください」

やれやれ。

ハンスト

早いもので、夫が逝ってもうすぐ1年になる。

　3歳になる孫の小夏は、おじいちゃんはお星さまになったと言う。

「お空からみまもってくれゆうき、小夏がお空へ行っておじいちゃんを助ける」と、可愛いことを言ってくれる。

　久しぶりに訪ねてきた夏菜、小夏姉妹を連れて太郎の散歩に出かけたときのこと。太郎のリードを引きながら突然、

「おばあちゃんがお星さまになったら、太郎はどうなる?」

と、夏菜。

「エッ、」

思いも寄らない質問に、

「だ、だいじょうぶよ、おばあちゃんはまだお星さまにはならんよ」

「ふーん、そうかぁ」

たわいない会話だけれど、改めて太郎と空太のためにも元気でいてやらねばと思った次第。


その太郎くん、夏になって、またまた食欲不振。お皿に入ったドッグフードを目の前に置くと、上目遣いに私を見て、

「フン！」

あ、そう、そんな態度をとるのならこちらにも考えがありますとばかり、いつもの柴犬用ドッグフードを与え続けた。意地のように食べない。

ある朝、見ればえさ皿の上に毛布をかぶせて見えないようにしてあるではないか。

「太郎ちゃん、どういうこと？　あんまりよ」

と言いながら、心配になってきた。夫が毎日メニューを変えて食べさせて

きたことを、しつけ直そうと躍起《やっき》になっているけれど、太郎はそんな私にハンガーストライキをしているのである。

これでいいのか、息子に言うと、

「もっと気楽に考えて、食べたいものもやりながらドッグフードも食べさすようにしたら？　要するに愛情の問題よ」

なるほど、子育てと同じよね。よし、わかった。

太郎ちゃん、今夜はひとつ豪華にいきますか。

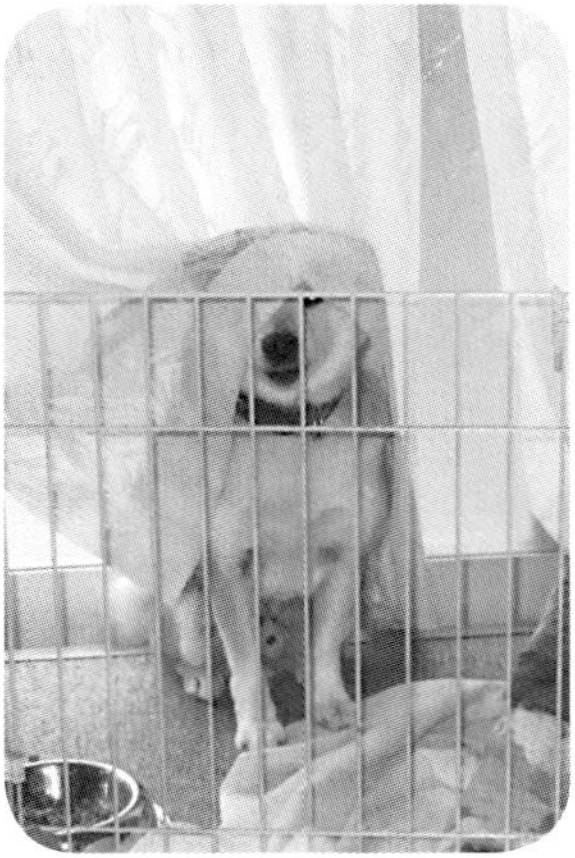

又もや！

わが家は築40年になる。外壁もかなり傷んできて見苦しい有様。

郵便ポストにはいつも「リフォームしませんか。ぜひご用命を」のチラシが入っている。

夫は「雨風凌《しの》げれば上等」という人だったからまるで頓着《とんちゃく》しないまま逝ってしまった。

そうなると、私はここを終の棲家《すみか》としなければならぬ。

結局知り合いの大工さんにお願いしてリフォームすることになった。

工事の間は太郎を連れて出勤。会社の植え込みの木につないでおくと、
隣の学校の学生さんが声を掛けてくれる。

太郎はふだん私以外の人とは接触することがないので、けげんな顔で見る、それが可愛いと人気者になってきた。

帰ろうとすると、

「コウヘイ、バイバイ」

なんと、コウヘイという名前がつけられていて笑ってしまう。

ある日、「今日は工事は休みます」と言うので、いつものように家の庭に放したまま私は所用で郡部にでかけた。

すっかり日の暮れた帰り、道の駅に寄って買い物をしていると携帯電話が鳴った。

大工さんの声で

「奥さんすみません。ちょっと寸法を測りに寄って木戸を開けた隙に犬が逃げてしまって、公園も捜したけど何処にもおらんのです。帰って来るでしょうかねえ」

「エーッ、太郎は出たら最後、行きっぱなしで家には帰ってきません」

と、私。

大工さんも困り切っている。仕方ないので、私が急いで帰って対処するので今夜はお引取りをということになった。

さあ、それから高速道路を全速力で飛ばしていると、また電話。

「あのう、犬の散髪屋です。太郎ちゃんが玄関に来ていたので連れてきましたが、お留守のようなので…」

「あ、有難うございます。助かりました。すぐに帰ります」

なんと、以前にも逃走時にお世話になったところにまた現れたというのである。

やれやれの気持ちと共に、なぜ太郎は家に帰らずにそちらへ向かうのか、これで3度目なのだ。

わが家を恋しいと思ってくれないのが何とも切ない。

ま、ともあれ無事だったのだから良しとしよう。

太郎ちゃん、脱出劇はそろそろこの辺でおしまいにしてくれませんか？

言いたくないけどお母さんももう歳なんだから。

診察

今年の春も、公園の桜は見事に咲いた。

太郎との毎朝の散歩に公園の階段を上がると、目の前に満開の桜がまるで錦絵のよう。

「お父さん、あなたが逝って2度目の春。今年も咲きましたよ。太郎も元気ですよ」

などと言いながら、右へ左へとおしっこを引っかけながら歩く太郎のあごのあたりをよく見ると、湿疹が出ているではないか。

毎年のことだけれど、この季節になるとかゆいのだろう、地面にあごを擦り付けて呻いている。ひどくならないうちに獣医さんに診てもらうこと

にした。

　車で10分程の医院の待合室には、大型、小型の犬や猫でいっぱい。どの犬もおとなしく飼い主のそばに座っている。

　そこへ入った太郎、

「ウ～ッ、ワンッ、ウ～ッ」

　急いで外へ連れ出し、柱にリードをつないで私は待合室へ。

　しばらく待った後、

「永野太郎ちゃん、お待たせしました」

「はーい、今連れてきます」

　所在無げに座っている太郎を中へ入れようとすると、足を踏ん張って動こうとしない。無理に引っぱると、私に向かって吠えかかる。

　ちっとも入ってこない患者に、獣医さんが出てきた。

　後ろから助手が2人、

「太郎ちゃん、おいで」

と言いながら皆、腰が引けている。

「口輪をはめられますか?」

「えっ、私が?」

なんと、私にさせようというのだ。

仕方がないから口輪を被《かぶ》せようとするが、頭を振ってとても出来る状態ではない。

見れば、待合室の皆さんの視線は一斉にこちらに向けられている。

結局、触診なしで、獣医さんが遠目から診察(?)して、薬をもらい帰って来た。

恥ずかしいやら、情けないやら。

「お父さん、あなたが太郎を甘やかして躾《しつけ》ができてないからこの始末、どうしてくれますか」

てこでも動かんぞぉお…!

ストライキ再び…

今年の夏のお天気は不安定で、予定していた用事がちっとも出来ない。
空を眺めては厚い雲を掻き分けたくなる日が多かった。

とくに朝夕の散歩の時間に篠突く雨が降ったりすると、
「太郎、今日の散歩はパスよ」となる。

そんな事が2日ほど続いたある日、帰りが遅くなる予定なのに、出かけるときうっかり庭の電気をつけ忘れて、まっ暗い家に帰宅すると太郎がいない。

出口の鍵は掛かっているし、隣家の塀に夫が張り巡らしたネットもいつも通り。

懐中電灯をかざしては「太郎、太郎」と呼んでも出てこない。家の中も庭もひっそりしている。

だんだん不安になってきて、

「お父さん、どうしよう。太郎がいない。助けて！」

と言いながら、広くもない庭を必死で捜す。ふと奥にある倉庫の床下に懐中電灯を当てると、なんとそこでうずくまって上目遣いに私を見ているではないか。

「太郎ちゃん、どういうこと？　早う出ておいで」

「………」

いくら呼んでも頑として動こうとしない。

そこはこの夏、私が蜂に刺されたので怖くて近づきたくない所。

仕方なく冷蔵庫から彼の好きなおやつを取り出してきてかざすけれど、

「フン！」という態度。

まったく、モウ！

「これ以上、ご機嫌はとれません」と引き上げると、やがてノコノコ出てきた。

仕事だ、会合だとしょっちゅう留守にする主に、ただひたすら待つだけの彼にしてみれば、ストライキをしたくなるのはわかるけど、この一部始終にペットと言えども侮《あなど》れないという気持ち。


そこへ東京に住む息子が夏期休暇で帰ってきた。

早速、川へ連れて行くことになって、

「太郎ちゃん、久しぶりに思い切り走れるね」

と送り出した。

さぞや喜んで走り回っているだろうと思っていると、夕方帰ってきた孫が、

「おばあちゃん、太郎は車の下に入ったまま出て来んかったよ」

と言う。

「あらまあ、せっかく広いところに行ったのに…」

息子曰く、

「太郎も年寄りと暮らすと、年寄り向きになるがよ」

ですと。失礼な！

およぐこともあるもんねー。

同居人？

　去年の暮れ、家に帰るとご近所の奥さんが
「永野さん、市役所の人が来ていたよ」

と言う。

　何だろうと、留守宅宛のメモを見ると、訪問調査・生活相談員とある。

電話をかけると、

「永野雅子さんですか？　私は独居老人担当のものです。一度お目にかかってお話をしたいのですが…」

「申し訳ありませんが、留守をする事が多いので、電話ではいけませんか？」

「１人暮らしのご老人をお訪ねして様子をお聞きしたいので、電話では困るのです」

「……」

老人、老人と何度も言われて、だんだん不愉快になる。

「わかりました。空いた日に電話をします」

どうしても私の顔を見て確認をし、今後の相談の手順を説明したいと言う。

考えてみれば、老人手帳をもらっているということは立派な老人なのである。ここで変に力んでみても始まらない。

ならば、年齢はどんなにしても積み重ねていくけれど、せめて元気にいきいきと暮らしたいと思う。

ところが最近、お医者様から
「体重を減らすことを心掛けてください。それには歩くのが一番です」

と言われた。

そんな私に、太郎は重要な役割を果たしてくれている。

たぶん太郎がいなければ、朝晩歩くことはまずしないだろうし、家に彼がいるだけで心強い。ペットだって同居人なのだ。独居老人などとは言われたくない。

結局、担当の人に電話をして、

「今日はいますから、おいでください」

と言うと、

「永野さんご本人ですか？」

「はい、そうです」

「わかりました。そのお声ならお元気そのもののようですから面接の必要はないでしょう。何かあったらお知らせください」

ということになった。

さて、お正月を迎えて、にぎやかな全員集合も終わり、後片付けをしながら、何気なく体重計に乗ると、ショック！　増えているではないか。

大好きなお餅や残り物を、もったいないと称してお腹に入れるのでこの始末。

太郎はと見れば、こちらも孫たちがてんでにおやつを与えてくれたので、すっかり口が奢《おご》ってしまって、ドッグフードには見向きもしない。ここで負けてはならじと、いつもの食事を与えると、太郎も負けずに一切食べず、寒い中、外の小屋にこもって一晩中出てこないのである。

この頑固さ、誰に似たのだろう。

ま、いいか。元気でいるためには、適度な緊張感も必要かもしれない。

「お父さん、太郎はまるであなたみたいですよ」

ひと騒動

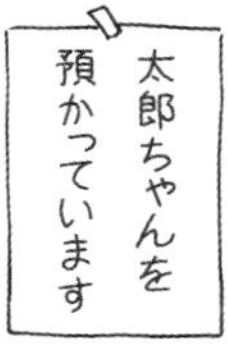

2月のある日、太郎を下さった夫の友人ご夫妻に食事を招待された。

フランス料理においしいワインを戴《いただ》きながら、夫の思い出話や太郎の話に時の経つのも忘れる至福の時間を過ごしていたら、マナーモードにしてある携帯電話が何度も「ツー、ツー」と鳴っている。

こんなときに野《や》暮《ぼ》な電話と、そのままにしていた。

楽しい時間も過ぎて、帰りの車中で、何気なく先程から鳴っていた電話にかけると、なんとお隣の奥さんから、太郎が脱出して預かってくれているという。

至福の時が一挙に現実に戻った。

家に着くと、玄関や台所の扉に、

「太郎ちゃんを預かっています」

と、貼り紙がある。

急いで迎えに行くと、太郎はお隣の車庫で座っている。

聞けば、奥さんが愛犬と遊んでいて振り向くと、開いていた居間のガラス戸から太郎が中に入ってきていたというわけ。

何度も私の家に電話をしたけれど出ないので、娘さんが
「おばちゃん、家の中で倒れてないろうか」

と、心配していたら、やはり近所に住む夫の友人が、

「車が無いのなら出かけちゅうろう」

ということで、携帯にかけてくれたらしい。

何とも申し訳ないやら面目《めんぼく》ないやら…。

さて翌日、一体どこから脱出したかと、太郎をリードでつないでおいて、庭中を点検する。

どこも脱出できそうな所はないけれど、一箇所、隅の方のネットがゆるんでいた。

でも、そこから出るには、太郎の大きさではよほど時間をかけてくぐりぬけた上、塀の上に出て、今度はお隣の家の隙間からもぐり込む形になる。

夫がコンクリートにドリルで丹念に留めつけた柵にネットをしっかり張ってあるので、そこから出るとは思いもしなかった。

このままでは、一度出られることを学習した太郎は再挑戦しかねない。早速、知り合いの大工さんに来てもらって修繕を頼むことにした。

大工さんも、

「これは知能犯じゃねえ」

それにしても太郎ちゃん、人騒がせな上に、物要りなこと！

聞こえないフリ。

マイペース

今年の2月、東京に出張することになって、東京の息子にメールをすると泊めてくれるという。

お正月も帰って来なかったので久しぶりの再会と、どんな所に住んでいるのか期待して行った。

椿山荘での会議も終わり、迎えに来た息子曰く
「タクシーで行くほどの距離じゃないき、これに乗ってついてきて」

見れば自転車。彼はキックボードで前を行くという。

椿山荘といえば東京でも一流ホテル。私は母から譲られたカシミアのコートを着ている。その熟年の婦人が〝チャリ〟にまたがってホテルをあ

とにするのである。

ホテルのドアマンの視線がやけに気になる。

必死で息子のあとを細い小路を曲がりながら着いた家は、意外にも落ち着いた静かな場所で、彼の部屋も住み心地良さそうだった。

やれやれと腰を下ろすと、なんだか寒い。なんと部屋の温度19度。

「寒うない？」

「慣れたらそれほどでもないよ」

と、一向に上げてくれそうにない。

地球環境のためには貢献するかもしれないけれど、遠来の客（？）をもてなす温度ではない。結局その夜は厚着をしてしのいだ。

そういえば、彼は昔からマイペースで私たちをよく困らせたことがあったなあ、とあの時この時を思い出す。

久しぶりに親子水入らずの一夜を過ごして無事わが家に帰ったら、太郎は、ふてくされた様子で寝ていた。

後日、孫たちが遊びに来て、

「太郎、遊ぼう！　おばあちゃん、ボールない？」

と、庭で太郎にボールを投げたり、追っかけたり、孫たちは遊んでくれているつもり。

突然、太郎が庭の隅の、前に脱出したネットの所へ行ったかと思うと、

「ウオーッ、ウオーッ」

と言いながら、ネットを駆け上がろうとする。

あまりの行動に私たちもびっくり。

「太郎は遊びとうないみたい。そっとしちょこ」

と、孫たちを家にあげた。

どうも太郎にしてみれば、私と静かに暮らすことに慣れていて、いきなり小さい子がやって来て騒がれるのは自分のペースに合わないようだ。

犬といえどもマイペースがあるらしい。

手作り

ある日、いつものように昼食をとるために自宅に帰る途中、対向車線を一匹の白い犬が後ろに車を3、4台従えて歩いている。

よく見ると、近所の「さくらちゃん」。これは大事《おおごと》と家に帰るなり電話をいれる。

「大変、今さくらちゃんが国道を……」

「そうよ、鎖が抜けて出たみたい。捜しても見つからんし、どうしようと思っていたら国道に出てしもうて。そのうち帰ってくるろう」

と、奥さん。

「エーッ、大丈夫?」

なんと大らかなこと。脱出したら最後、一度も家に直接帰って来たことのないわが家の太郎とはえらい違い。

他人事ながら心配しつつ昼食を済ませて再び会社へ。

さくらちゃんの家を車窓からひょいと見ると、鎖につながれて座っているではないか。もう、びっくり。ものの1時間で一件落着。

聞けば、近所まで帰って来たのでえさを持っていくと、難なく捕まったとか。食事もドッグフードしか与えないけれど、待ちかねて平らげるらしい。

それにひきかえ太郎ときたら、暑さで食欲が無いものだから心配で、あれこれと与えるけれど見向きもしない。

皮膚が弱いこともあってお医者様に相談すると、

「薬を飲ませ続けるのはよくないので、食事で調整した方がいいかもしれません。一切油を使わず、ご飯に野菜と鶏肉を炒めて手作りをしてみてください」とのこと。

「あのう、私のを分けるのはいけませんか?」

「調味料の入ったものはダメです」

早速、人参、大根、キャベツにかぼちゃを薄切りにして、フライパンで鶏肉と共にご飯を入れて弱火でじっくり炒める。出来上がったものを皿に入れて、今度は氷水につけて冷やし、

「はいお待たせ、どうぞ」

私はもう汗びっしょり。さすが、そこまでして作ったものは太郎にもわかるのか、ペロリと食べてくれた。でも、これを毎日続けられるだろうか。

さて今度は自分のための料理。時間も遅くなったし、この暑いのに再びガスコンロの前に立つなんて、もううんざり。

太郎ちゃん、あんたお父さんより手がかかるねえ。

新年

穏やかな新年を迎えて、太郎との初散歩に出かけると、いつもの散歩コースが清々しい。

慌ただしかった暮れのあれこれも年が改まると何故かすっかり過去のことになる。

いつもと同じ昨日に続く今日だけれど、新年というのはなぜか心新たな気分にさせてくれる。

「今年こそ」と思うことがいくつかある中で、特にこれだけは「不言実行」といきたいのが「整理整頓」。

長年、仕事優先の生活を続けてきて、一番後回しになったのがこれ。

去年も11月頃から空いた時間を見つけては、年の瀬になってバタバタしないようにと心がけてきたつもりだけれど、お掃除モードのスイッチがオンになったのか、いざ大晦日が近づくと、あれもこれも出来てないと、普段は気にもならないところが目について焦りに焦る。

畳を拭きながら、ふと思い出した棚の本の位置を変えて戻ってくると、さてどこまで拭いたやら……。

2階に物を取りに行って、カーテンを閉めて降りてくる。

「アレ？　何のために上がったかしら」

結局31日は紅白歌合戦を横目で見ながらおせちの準備に生け花にと、相変わらずの年越し。

夫の「お母さん、掃除をせんでも正月は来る。まあ、えいわね」という声が聞こえてきそう。

そうだ、出来てないところをイライラ思うのをやめて、出来たところを見て喜ぼう。などと思いながら、それでも年越しそばを作った頃には、新年を迎えていた。

夫の写真に
「お父さん、明けましておめでとうございます。今年もよろしく」
今日は息子一家がやってくる嬉しい日。

さて太郎にとっては新年も何もないわけで、いつも留守にする主《あるじ》がここのところ家にいるものだから、大好きな「元気ガム」をゲットしようと、「クーン、クーン」と鳴き止まない。

食事に影響するものだからあえて無視すると、それならばとばかりハンガーストライキに入って2日間一切えさに口をつけない。この寒空に外で寝ている。

この頑固さにはこちらが根負けして、というより心配になって、おやつを差し出す始末。

やれやれ、今年も相変わらず太郎との駆け引きは続くのだろうか。

作戦勝ち。

冷や汗

先日、お世話になっている大学の先生の「傘寿のお祝いと、出版記念の会」が催され出席させて頂いた。

先生がこれまで出版なさった本の数々がスクリーンで紹介され、改めてこんなに沢山、本の作成のお手伝いをさせて頂いたかと感謝の気持ちでいっぱいになった。

セレモニーも進み、次は「鏡割り」。

司会者が、

「お名前を呼ばれた方は、恐れ入りますがご登壇下さい」

県下の錚々《そうそう》たる方々が次々と壇上に上がられる。

やがて、私の会社も呼ばれ、我が耳を疑った。

えーっ！　社長は急用で欠席している。

ど、どうしよう。私が？　壇上に？

今日は特に忙しくて直前まで仕事をしていたので、そのまま会場へ来たし、美容院へは明日行くつもりだった。

「先生、一言お聞きしていれば……」の心境。

覚悟を決めて、壇上に上がる。女性は東京の出版社の方と私の２人。

冷汗三斗の気持ちだったけれど、考えてみれば名誉なこと。これからも良い仕事をしていこうと、改めて気が引き締まる。


おいしい食事を戴《いただ》いて、ほんのり気分で家に帰ると、真っ暗。

昼も帰れなかったから、電気もつかない縁側で太郎は蹲《うずくま》っていた。

「ごめ～ん、太郎。すぐご飯にするね」

急いで彼の好きな缶詰に、カリカリを入れて差し出すが見向きもしない。

機嫌を損ねた理由は分かっているから、ひたすら低姿勢で、おやつのあ

れこれを差し出しては
「太郎ちゃん、これなら食べる?」

などとやりながら、ふと、夫と同じことをしている自分に気付く。

「いい加減にしたら?　太郎になめられちゅうねえ」

そう言っていた私。

「お母さん、俺の気持ちがやっと分かったろう?」

　きっと、あちらから笑って見ているだろうな。

　ね、お父さん!

消費税

6月のある日、夏菜と小夏がやって来た。いつものように太郎を連れて散歩に出る。小夏は太郎の首輪につけた紐を身体に巻きつけて、太郎に引っ張られる格好で歩く姿が可愛いやら、おかしいやら。

公園の遊具で遊んだ後の帰り道、書店の前で、

「おばあちゃん、本買って」と小夏。

久しぶりのことだし、ま、いいかと太郎を店の前の柱につないで入る。

散歩袋の中の小銭入れを夏菜に渡して

「いくらあるか数えてごらん。2人で1冊しか買えんよ」

床に小銭を並べて数えていた夏菜が

「1、025円ある」

それならと、本選びになったけれど、まあ時間がかかること。

「お姉ちゃん、これ欲しい」

「小夏、これにしよう」

散々迷った挙げ句、1冊の本が決まった。金額は950円。

「それなら買えるね」と、レジに持って行くと、店員さんが、

「1、026円いただきます」

なんと、1円足りない。消費税を計算に入れてなかった。しかも8%。

3人顔を見合わせる。小夏は泣きそうな顔。

「なっちゃん、お金、取りに行っておいで」

夏菜は駆け出した。

待つ間、太郎はと見ると、柱につながれて、チンと座っている。

「ごめんね。もうちょっと待ってね」

程なくして夏菜が息急き切って駆けこんできた。1円を支払って、めでたく本を購入。

帰り道、夏菜曰く、

「おばあちゃん、私痩《や》せた気がする」

太郎こそ大迷惑で、長い時間店頭の柱につながれて、人待ち顔にしていたけれど、人間なら文句のひとつも出るところだろうに、しっぽをふりふり帰る姿がいじらしい。

そういえば7月7日は太郎の9歳の誕生日。

太郎ちゃん、好きなおやつを買ってこようかね。

台風

今年の8月、大型台風の到来とあって、朝から天気予報を聞きながら片付けをしていた。いつもと違う雨音にだんだん不安になってくる。

過去に床上浸水を経験しているので、その時のことを思うとじっとしていられない。カーテンを結ぶ。鉢植えや床に置いたものを台や机の上に乗せる。食器棚や引き出しの下段のものも全部取り出した。

ラジオでは刻々と緊急事態の様子が伝えられる。息子からは「途中まで来たけど、道路が川のようになって進めない」と電話。仕方なく引き返すという。

そこへご近所の奥さんが

「永野さん、水がそこまで来ゆう。畳を上げよう」

「えーっ！　そんな……」と、私。

結局、２人で神壇を抱えて移動し、畳も床板も襖も上げるのを手伝ってくれた。

やがて１人になると、床下に水がひたひたと入ってくる。これ以上来たらどうしようと落ち着かない。部屋にはビデオやアルバムの入ったロッカーがある。これを濡らすわけにはいかんと、またカ一杯持ち上げて移動。

やれやれと思うまもなく今度は雷の大音響。

太郎が飛び上がったかと思うと、狂ったように外へ出て大雨の中をびしょぬれになりながら、庭を右往左往。

「太郎ちゃん、入っておいで」

と、好きなおやつをかざしながら声をかけるが、見向きもしない。

とうとうこちらもずぶ濡れになりながら首輪を掴んで家に引き入れる。

縁側にある柵を外してやると飛び込んできて、部屋の中を必死でうろつく。

静かになったので見てみると、先程棚の下段を空にした場所にもぐりこんでいるではないか。雷がよほど嫌いなのか、怖いのか、「ドーン！」と鳴るたびに震えて出てこない。

結局その夜は、雷が鳴る、雨音が激しくなるたびに2階から降りて来て、太郎の様子と床下を覗いて、眠った気がしなかった。

そして台風一過、無事に過ぎたことに感謝しながら、さて片付けようと、荷物を抱えるが持てない。これを私は抱えて上げたのかと、我ながらオドロキ。

「火事場の馬鹿力」というけれど、いざとなったら無限力が出るものよと感心するものの、事が過ぎればもうその力は出てこない。

もういいわ、台風シーズンが終わるまでこのままにしよう。自分を納得させるのはカンターン！

散歩コース

今冬は寒さが厳しくて、特に朝の散歩の時間は霜が降りていたり、氷が張っていて早々に帰る日が続いた。

夕方も5時には暗くなるものだから、「散歩はゴメンね」となる。

太郎の散歩には、「フルコース」「ショートコース」「超ショートコース」とあって、私の都合で決められる。

「太郎ちゃん、今日は急いでいるから超ショートコースよ」などと言いながら一回り。

「今日は仕事は休み、天気もいいし、フルコースで行こうかね」と、公園まで足を延ばして丘の上や運動場のまわりを1周。太郎もあちこち寄り道をしながらご機嫌。

　ところがこのコース、太郎は私の様子と、時間帯でちゃんとわかっていて、自分からその方角に進路を向ける。わが家を出て左はフルコース、右はショートコース、彼は夕方には必ず右方向に行くのである。

　夫がよく
「お母さん、太郎は賢い。俺が『今日はくるりん（近所を一回りするだけ）ぞ』と言ったら太郎は角をクルリと回ったところでちゃんと帰ろうとする」と話していたけれど、本当にその通り、どうして分かるのだろうと思うほど。

　先日のこと、帰宅すると外はもう真っ暗だったけれど、朝も超ショートコースだったから少し連れて行ってやろうと出かけた。

　20分程の散歩が終わって、大急ぎで食事の支度や雑用を済ませ、携帯電話のことをすっかり忘れて就寝。

　翌朝、「あれ？　携帯がない」と、あちこち捜すが見当たらない。

「どこに置いたろう。かけてみよう」

メガネもかけずに、自宅の電話から自分の番号を打つ。

「ルルル、ルルル」発信音は鳴るが着信音はどこからも聞こえてこない。

「困った、どこへ忘れたろう。会社か、スーパーか」

などと考えていると、「もしもし」と男性の声、もうびっくり！

「あ、すみません。間違えました。申し訳ありません」

大急ぎで切った後、改めてメガネをかけ、今度は慎重に自分の番号を確かめながら打つ。

「ルルル、ルルル」

大きな着信音が鳴っている。行ってみると、太郎の散歩用バッグの中。


昨夜の散歩から帰ってそのまま忘れたのだ。

時はまさに午前5時40分。

どちら様か存じませんが、早朝から間違い電話などおかけして、本当に申し訳ありません。ごめんなさい。

ボクのせいじゃないからね。

独り身

2月のある寒い日、夫の友人の祝賀会に参加した帰り、2次会にお誘いを受けて、親しくしている奥様もご一緒の場だからとお邪魔することにした。

夫がお世話になった方たちと久しぶりにお会いして、楽しい時間を過ごし、3次会までお付き合いして、気がついたら深夜近い時刻になっていた。

こんなに遅くなるつもりではなかったので、途中、太郎のことが少し気にはなったけれど、

「ま、いいか。滅多にないことだし、文句を言われるわけじゃなし、独り身の気楽さよ」

と、呑気にかまえた。

家に帰り着いて太郎はと見ると、庭の木の根元で蹲《うずくま》っている。

いつもなら、縁側の敷物の上ですやすやと眠っている時刻。

「太郎、ただいま。遅くなってごめんね」

声をかけても動かない。深夜の事だし、ご近所の手前大きな声も出せない。

ひたすら低姿勢の小声で
「太郎ちゃん、入っておいで」

を繰り返すが、頑として無視。

外は凍りつくような寒さ。このままにしておくわけにはと、庭に出て引っ張り入れようとすると、

「ウーッ！」威嚇するような声を出して足を踏ん張る。

「ごめん、ごめん」と言っているうちに、なんだか夫に言っているような気がしてきた。

私がいると、太郎も意地から入って来られないだろうと、2階に上がる。

翌朝、見れば昨夜の場所で蹲ったまま寝ているではないか。犬小屋もあ

るのに、この寒空のなか、そこまでして男の沽券《こけん》を貫く姿に脱帽。

「太郎、よくわかりました。私は独り身ではなかったのです」

幸運

太郎は7月7日で10歳になった。人間なら還暦ぐらいだろうか。お互いに唯一の健康法、散歩があるから元気でいられるのかもしれない。

夏になって昼間の時間が長くなり、散歩も行きやすくなった。夕方も7時半頃まで明るいから、仕事から帰ってまず出かける。

今日も左にバッグ、右にリードを持っていつものコースへ。しばらく行くと道路の真中に何やら団子状のものがこんもり。近寄ると犬のうんち。

こんな所に堂々と置き去りにするなんて何ということと、眉をひそめる。

大体、飼い犬がうんちを催してきたら素振りでわかるでしょうに、始末をする気がないのだろうか。

太郎の場合は、以前にワンちゃん仲間から教えてもらったとおり、途中で落ち着かない様子でくるくる回り始めたらバッグからチラシを出して待機。足を踏ん張ったらすかさずチラシを持って出てくるものを受け取り、ビニール袋に入れて完了。

地面に落とさないから何も汚さないし、ここぞというタイミングにサッとチラシを差し出しキャッチしたときは、ヤッターという快感（?）さえ覚える。

だから散歩用バッグは、予備の物など入れるので大きい。

先日、「今日はコースを変えようか」と、川沿いの道を歩いていたら、畑から出てきたおじさんが

「奥さん、ナスはいらんかね」

と、両手にいっぱい抱えている。

「まあ、うれしい、頂きます」と私。

「その袋に入れようか。案外大きいねえ」

と言いながら、結局全部入ってしまった。

おじさんもそんなつもりじゃなかったかもしれないし、私も「それほど頂いても」と思いながら、バッグに入ったなすを今更取り出して返すのも憚《はばか》られ、

「有難うございます。でもお返しがないけど……」

「かまん、かまん。」

と、もらってしまった。

夕食はなすづくしにしようかね、太郎にも鶏肉と炒めて、などと足取りは軽い。

私の幼友達が、認知症になったお姑《しゅうと》さんの下のお世話を、

「雅子ちゃん、うんこう、うんこうと言っていたら幸運になるよ」

と言いながら、いつも笑顔でしていたけれど、この一件もひょっとしたら幸運なのかもしれない。

おしっこ ピューッ！

おから

この夏の日曜日、今日は外出の予定もないし、太郎の散歩もフルコースで行けると、久しぶりにゆったりした気分でいたところ、何やら庭で変な音がする。

見ると、太郎が転げ回りながら顔を地面にこすりつけ、うめき声をあげている。いつもの皮膚病のようだ。

夏のはじめにお薬をもらったばかりなのにまたかと、こちらもうんざり。とは言え、そのままにしておく訳にもいかず、車に乗せて医院へ。

例の如く、よその犬や猫はおとなしく飼い主と一緒に待っているのに、太郎は足を踏ん張って中に入ろうとしない。仕方なく順番が来るまで車内

に置いて、呼ばれたら私が抱いて中へ。それでも足をばたつかせて抵抗する。待合室の大型犬がびっくりしたような顔で見ている。犬にも恥ずかしい。

やはり小麦アレルギーで、歳がいくほど出てくるらしい。

今日はいつも食べさせている、皮膚病に良いというドッグフードとおやつを持参した。

先生に見せると、

「これは全部だめです。でんぷんや、糖分を含んだものは食べさせないほうがいい。すべて手づくりにして、鶏肉と野菜を五品ほど蒸したものに、量を増やすためおからを入れたらいいでしょう。おやつは鶏のササミを薄切りにして、オーブンで焼くと出来ます」とのこと。トホホ。

早速材料を買って帰り、小口切りにして、ボウルに山盛りのそれらを圧力鍋で蒸し、出来上がったものを袋に入れて冷凍室へ。ただ、おからは全部入りきらなかったため、少し残った。

食べてくれるか心配したけれど、ぺろり平らげてまだ欲しそうな顔。やれやれこれで当分は大丈夫。

ところで残ったおからをどうしよう。

しばらく考えて、「豆腐バーグ」ならぬ「おからバーグ」を作ることにした。レシピ本を片手に出来上がったものを、あんかけにして食べてみると、意外においしい。これは思わぬ副産物。残りは冷凍していつでもチンをすれば間に合う。

太郎のおこぼれが私の食事になるとは、いささか面白くないけれど、この暑い中、台所で孤軍奮闘、決してお安くない野菜を大盛り調理することで、いつも放ったらかし気味の太郎に少しは罪滅ぼしになるかしら。

因みに冷凍室は、太郎と私のおから料理で満杯。

また病院かぁ…

理久ちゃん

理久ちゃんは小学6年生の男の子。元社員のお孫さんで、去年わが家の2軒となりに越してきた。

3年前に亡くなったおばあちゃんより1つ年上の私を「おばちゃん」と言ってくれる。

その彼が、太郎を散歩に連れて行くという。いつも朝は必ず歩くようにしているけれど、秋から春までは暗くなるので、夕方の散歩はなし。そんな私と太郎にしてみれば願ってもない申し出。

まず、散歩コースを案内がてら理久ちゃんに太郎のリードを預けてみた。一番大事なのは太郎が催したとき。やり方を教えると、チラシを両手に広げて今かとばかり、太郎のお尻を追う姿がおかしい。

太郎も全く警戒する様子もなく、しっぽをふりふり理久ちゃんと散歩に行くようになった。私も安心して仕事が出来る。

家に帰ると、ウンチの入ったビニール袋が太郎の小屋の屋根に鎮座《ちんざ》している。

運動の足りた太郎は食欲旺盛。3日分と思って作った食事が2日でなくなって、あわてておからや野菜を買いに走ることも……。嬉しいやら、忙しいやら。

時には「おばちゃん、一緒に行こう」と声がかかり、2人で何気ない話をしながら散歩する。

そんな理久ちゃんも春には中学生。息子たちもそうだったように、声変わりし、口数も少なくなってくるだろうなと、まるでおばあちゃんの心境。

その息子たち、口数が少ないどころか会話にもならない。先日も大事な催しの反響はどうかと尋ねると、「ぼちぼち」。体の調子はどう？　の問いかけに「まあまあ」。

これは言葉だろうかと思ってしまう。

東京にいる息子ときたら、荷物を送ってもなしのつぶて、何ヶ月も音信不通。いつかは「生きていますか」とメールをしたことがあった。

彼の誕生日に「誕生日おめでとう！　便りの無いのは元気の印と思っています。母」と送ったら、すぐに返事が来た。たった1行、「その通り」。

取越苦労

孫たちが遊びに来ていたある日、帰省中の息子が太郎のリードを、ひと回りしたらすぐに帰ってくるだろうと外したという。

それを聞いた私は、太郎も歳だから今までとは違って遠くには行かないだろうと高《たか》を括《くく》った。

一部始終を見ていた嫁曰く、

「お母さん、太郎はリードが外れた途端に匍匐《ほふく》前進の姿勢から脱兎《だっと》のごとく走って行ったよ。とても歳とは思えんけど」とのこと。

息子もさすがに心配になったらしく、自転車で捜しに行った。同じく太郎を追いかけて行った小夏も帰ってこない。

今夜は皆が久しぶりに集まる日、どうしようと思っていたら、小夏が泣きながら「よそのおばちゃんが捕まえてくれた」と言ってきた。

公園まで行ったところで、泣いている小夏と走りまわる太郎を見て、買物かごからパンを出して太郎を誘い、ご自分の靴の紐を外して捕まえてくれたらしい。

やれやれと、皆で安堵する。

後日、宮本さんと聞いたお家にお礼に伺うと、元気に吠える犬がいて、「うちは宮本なので、犬の名前はムサシ。15歳です」とのこと。見ればときどき犬に引っ張られる様に散歩していた方だった。さすが、名前通り貫禄充分のワンちゃん。

15歳といえば、人間なら90歳以上。へーっ、びっくりぽん！

太郎も今年は11歳になる。今は元気だけれど、友人から犬が老衰になって大変な思いをした話などを聞くと、もうそろそろなどと取越苦労をしてしまう。

そんな時が来たら、今まで寂しい思いをさせてきた太郎に、せめて最後は寄り添ってやりたいなどと思っていた矢先、ドラマ「あさが来た」の主人公が夫のために「今日限り、仕事から身を引きます」と宣言したのを見て、私にもそのセリフ、言う時がくるかなあと思う今日この頃。

「ペットじゃないよ、家族だよ」

そのとおり、ひたすら私の帰りを待ってくれるつれあいなのだから……。

ちょっとばぁ登れるで。まだまだ現役！

面倒みたよ

太郎のアレルギーのために、おから料理に切り替えて1年近く、またかゆみが出たのか、庭で転げまわっている。

病院で薬をもらって飲む間は収まるがそれが切れると同じこと。敷物を替えたほうが良いと聞いて、ペットショップに直行。

今までの敷物を取って大掃除。夏用の涼し気なものに替えると、太郎は何となく居心地が悪そう。倉庫の下にもぐりこんで出てこない。

散歩道の草に反応することもあると言われると、草むらの中に行こうとする太郎を引きよせて道路の真中を歩かせたり、何だか楽しくない。こちらまでストレスになりそう。

そのとき店員さんに聞いた
「鶏肉が良くない犬もいますよ。ラムとか、しし肉にしてみたら？」

という言葉に、しし肉や羊肉を購入。

夜中に明日の食事が無いことに気がついて、眠い目をこすりながらおから料理を作ることもある、とほほの毎日。

そんな折、嫁がネットで皮膚病専門外来の病院を見つけてくれた。早速つれていくと、

「血液検査をしましょう」

2日後の検査結果は意外にも「甲状腺機能低下」

お医者様曰く、

「食物アレルギーではないです。何を食べてもいいけれど、できるだけ魚中心の、人間がふだん食べる材料で、ついでに作ってあげる、人間にもワンちゃんにも健康に良いごはんをあげてください」とのこと。

やれやれ、最近は太郎の食事に振り回されて、私の方がついでになっていた。

但し、一過性の病気ではないので継続治療が必要とのこと。

食事や散歩途中の草や、敷物が原因ではないことがわかって一安心。薬は朝晩粉薬とサプリメント、ごはんに混ぜてやるときれいに平らげる。散歩も心置きなく草むらに突進。あれこれ思い悩むことがなくなって、気分爽快。

それにしても人間顔負けの病名。恐れ入りました。

だけど太郎ちゃん、今度ばかりは言いたくないけど、面倒みたよ。

あついからここでえぇわ…

スマホ

スマホデビューした。

太郎の本を出すことになって、「日々のいろいろなシーンを写真に撮って下さい」と言われ、カメラを持ち歩くのも面倒だし、この際思い切ってスマートフォンに変えようということになった。

幸い社員は殆どスマホだから、皆に教えてもらおうと、同じ機種を使う部長に店にも一緒に行ってもらった。

その時点からいろいろの説明を、部長が聞いてくれているからとお任せ気分。元々メカにはめっきり弱い私。説明書など読む気にもならない。

手にしたスマホの機能の多いこと。今までの「ガラケー」でも、電話をかける、受ける、メールを数人に発信するくらいしかしなかったのに、どうしよう！

翌日の早朝、

「永野さん、今朝5時半頃お電話頂いていますが、何かありましたか？」

えっ！　掛けた覚えがない。どうも操作をしながら誤ってタッチしたらしい。「ごめんなさい」

そうこうするうち、東京へ出張。会が終わってホテルにチェックインした後、久しぶりに息子と会って外で食事をする。私のスマホに何やら「ラ イン」を入れたそうな。

さて別れ際、「そこのコンビニを曲がってすぐがホテルやき、じゃあまた」と、彼は去っていった。

ひとりになって、言われたコンビニを曲がって歩くもホテルがわからない。そうなると、方向音痴の私はパニック。やたらうろうろするものだから益々混乱する。

店員さんらしき人に尋ねると、「ワタシ、ニホンゴワカリマセーン」

疲れ果て、とうとうタクシーに乗って
「東急ステイにお願いします」と言うと、

「すぐそこですよ」

「いいです。行ってください」

すぐそこだった。降りてみると、さっき目の前まで来ていたのにくやしい！

これだから東京はいやだなどと、田舎者のふてくされ。

翌日、無事に高知へ帰って顛末《てんまつ》を話すと、

「何のためにスマホを持っちゅうが？」

聞けば、マップを開けて行き先を入力すると、自分のいる場所から目的の場所まで地図が出て、進行方向まで教えてくれるという。やってみると、なるほどちゃんと出るではないか。

「人は経験を通して成長する」

これでまたひとつ勉強ができました。ね、太郎。

一喜一憂

夫の友人からメールが来て、アニー（太郎の母親）が17歳になるという。足腰も視力も弱ってきたというので、太郎と会いに行くことにした。
前回行ったときは、シャッターの降りたガレージの外から太郎は大興奮で、夫と「匂いで分かるもんかねえ」と感心したことだった。中に入ると、お互いがじゃれあって、見ている私たちにまで「うれしい！」が伝わってきた。
あれから6年ぶりの再会、お互い歳をとったせいか、感動のご対面とはいかない。父親のジローは「どこの奴じゃ」とばかり吠えてくるし、太郎も遠慮がちで落ち着かない。人間年齢で言えば超高齢なのだから仕方ないのだろう。

太郎も11歳。考えて見ればそう長くは一緒にいられないわけで、改めて大事にしなくてはと思う。

そんな私の心境を感じ取ってか、このところやたら態度が大きい。

先日も、いつものようにフルコースの散歩を終えて朝ご飯を出すと、「フン！」とばかり一瞥《いちべつ》して、庭に出たきり入ってこない。夕方になってもそのまま。夜はなんと、普段見向きもしない小屋で寝ている。

次の日も同じ。全く食べてくれないので、さすがに心配になるが、散歩は元気に歩く。そうなると、何が気に入らないのか、あれこれ考えてみる。

最近、野菜がやたら高いので、きのこを混ぜたのがいやだろうか？

居間に入ろうとしたのをしめ出したので怒っているか？

日の暮れが早くなって、夕方の散歩をパスするのが気にくわないか？

それならばと、きのこの入ったおから料理をやめて、太郎の好きな缶詰に変えても食べない。仕事を終えて、暗い中を懐中電灯片手に散歩にも行った。

それでも「フン！」は続く。

夫がご機嫌ななめのときでも、これほど気を使ったことはない。夫なら言葉の端々でわかるけれど、太郎からは通じてこない。

以前にも何回かハンガーストライキをしたことがあって、そのたびにあれこれ工夫する夫に「甘やかし過ぎよ」と言った私が、太郎のごはん皿を覗いては一喜一憂することになるとは…。

そして3日目。さすがの太郎も空腹には勝てないようで、ぺろり平らげた。やれやれうれしや。夜はいつもの場所で眠っている。

太郎ちゃん、一体これは何なのよ！

ふーんだ。

わが家の太郎

写真編

あとがき

太郎がわが家にやって来て早いもので11年余りになります。豆柴のころころしたかわいい子犬が、あれよあれよという間に大きくなって、面食らったことでした。

夫は、それこそ我が分身のように可愛がり、太郎との日々を楽しんでいました。

思えば、大きな手術の後、体力、気力が思うようにならない、もどかしい時期に太郎と出会えたことは、夫にとって幸運なことだったと思います。短気な人と思っていた夫への認識を、変えてくれたのも太郎でした。しつけに、食事に、根気よくつきあっている姿を見て、癒し以上のものを太郎にもらっていると感じました。

長寿手帳を持っているようなご主人につきあうのは、太郎にとっては多分欲求不満だったと思います。私たちの足取りに合わせて歩くのは、忍の一字だったことでしょう。走ることなど、まずないのですから。

夫は6年前、太郎との散歩中に突然逝ってしまいました。思いもしない事態に混乱する私を、2日後、夫が倒れた場所に連れて行ったのも太郎でした。

いま、ひとり暮らしをする私に、時にはわがまま放題、振り回される日もありますが、彼のおかげで寂しくはありません。

何より、「持って行け。良いことがあるぞ」と、快く譲ってくださった細木さん。本当に良いことばかりでした。

当たり前の日々が、いつものようにある幸せを感謝しながら、孫たちの言った「おじいちゃんは、お空から見守ってくれゆう」の言葉を、改めてかみしめる今日この頃です。

このたび、出版にあたり、戸惑う私の背中を押してくれた飛鳥の幹部の皆さん、制作に当たり、良い本にしようと大変な努力をして下さった社員の皆さん、本当に有難うございました。

1匹の犬とその家族の日常を思いつくままに書いたこの本が、少しでもお役に立つことができたら、望外の幸せです。

平成28年12月

太郎のご主人様の事

細木　秀美

平成17年、私の家に可愛い豆柴の子犬が3匹産まれた。その中の1匹に、丁度首の上に特徴的な白い星印があり、茶色いぬいぐるみの様な可愛いオスの子犬がいた。私の刎頚《ふんけい》の友である永野和宏くんは、この子犬を欲しがり、連れて行った。

今から60年以上前の事である。和宏くんは土佐高校1年生だった。彼には3名の悪友がいたが、いつも4人で勉強そっちのけで、あることに熱中した。まだ、第二次世界大戦が終了して10年余りしか経っていない、何もない時代のことである。

土佐女子高校の講堂の屋根裏に隠されて生き残った、セコンダリーのグライダーを見つけ出して修復し、高知龍馬空港、昔の日章飛行場の空を飛んだ。教官は、予科練生き残りの当時の東亜国内航空の猛者《もさ》のパイロット達だった。

高校の3年間、青春の全てを、空に憧れて過ごした。とても懐かしいが、もうすっかりセピア色に色褪せた白黒写真の様な、甘酸っぱい沢山の想い出が蘇ってきて、思い出すたびに、涙が出そうになる。

和宏くんは、東京の写真大学に、他の3人もそれぞれの大学にと、別れ別れに進学し、その後は、皆が違った人生を歩み出した。

和宏くんの没後、奥様、雅子さんの愛犬となったのがその犬で、本著の主人公「太郎」である。まるで和宏くんが乗り移ったかのように、ものすごくわがままで、自分勝手だが、今の雅子さんには無くてはならない人生の相棒だろうと思う。そして、彼女の心の支えとして、癒しの相棒となっているだろうなあと考えながら、彼女の太郎に関する随筆を読んでいる。
分かりやすい端正な文章の端々に、著者、雅子さんの優しい思いやりと、
ご主人の忘れ形身の相棒に対する心配りが垣間見える。
まだまだ長い人生のある雅子さんと、黙って心の支えとなって付き合う
太郎のこれからを、心から幸多かれとお祈り致します。

平成28年12月

掲載誌情報（飛鳥出版室発行季刊誌「飛鳥かわら版」より）　※内容は一部加筆修正しています

「命名」２００５年１５４・季冬号
「三文安」２００６年１５５・春号
「おかげさま」２００６年１５６・夏号
「メニュー」２００６年１５７・秋号
「散髪」２００７年１５８・春号
「愛情」２００７年１５９・夏号
「初恋」２００７年１６０・冬号
「大晦日」２００８年１６１・春待号
「予防注射」２００８年１６２・夏号
「太郎様」２００８年１６３・秋号
「夫婦の調和」２００９年１６４・冬号
「恋の季節」２００９年１６５・春号
「落差」２００９年１６６・夏号
「夏の悩み」２００９年１６７・秋号
「ＤＮＡ」２０１０年１６８・新春号
「気まぐれ」２０１０年１６９・立夏号
「誕生日」２０１０年１７０・立秋号
「主」２０１０年１７１・師走号
「性格」２０１１年１７２・春号
「ハンスト」２０１１年１７３・夏号
「又もや！」２０１１年１７４・師走号
「診察」２０１２年１７５・紫陽花号
「ストライキ再び…」２０１２年１７６・秋風号
「同居人？」２０１３年１７７・春待号
「ひと騒動」２０１３年１７８・盛春号
「マイペース」２０１３年１７９・夏号
「手作り」２０１３年１８０・秋号
「新年」２０１４年１８１・新春号
「冷や汗」２０１４年１８２・爽春号
「消費税」２０１４年１８３・盛夏号
「台風」２０１４年１８４・秋号
「散歩コース」２０１５年１８５・冬号
「独り身」２０１５年１８６・爽春号
「幸運」２０１５年１８７・盛夏号
「おから」２０１５年１８８・深秋号
「理久ちゃん」２０１６年１８９・新春号
「取越苦労」２０１６年１９０・穀雨号
「面倒みたよ」２０１６年１９１・夏号
「スマホ」２０１６年１９２・立冬号
「一喜一憂」書き下ろし

著者略歴

永野　雅子（ながの・まさこ）

昭和17年10月４日生まれ。夫、和宏と共に写真植字業を創業。有限会社四国写植、のちに株式会社飛鳥へ社名変更すると共に、会社の発展を陰で支える。

夫の愛犬「太郎」の成長記録を自社の季刊誌「飛鳥かわら版」に連載。平成22年、和宏逝去後も読者の要望に応えて執筆を続け、現在に至る。

わが家の太郎

平成28年12月17日　発行

著　者　永野雅子

発行者　永野正将

発行所　飛鳥出版室

〒７８０－０９４５

高知県高知市本宮町65番地６

☎０８８－８５０－０５８８

E-mail　info@asuka-net.jp

印　刷　株式会社　飛　鳥

乱丁・落丁はお取り替えいたします

©Masako Nagano 2016, Printed in Japan

定価　本体１，２００円＋税